SPM 南方传媒 | 新世纪出版社
·广州·

前言

你们肯定想不到，在我小学时的一次数学考试中，我竟然拿到了103分！这可不是吹牛，我确实考出了比100分还多3分的成绩。这是怎么回事呢？事情是这样的：那次考试与以往不同，增加了20分“奥数附加题”。当时我第一次听到“奥数”这个词，并不理解它的含义，只记得“奥数附加题”很难，却很有趣，特别有挑战性。当我把全部附加题解答出来的时候，那种成就感，简直比玩一天游戏、吃一顿大餐还要快乐！

可以说我对数学和其他理科的兴趣，就是从解答奥数题开始的。越走近奥数，越能训练数学思维，这使我在面对小学数学，乃至初高中理科时更有信心。毕竟，大部分理科题，都有数学思维在起作用。

可是在我们那个年代，想要学好奥数并不容易，必须整天捧着一本满页文字和数学符号的课本。因此，大多数同学从一开始就被奥数的表象吓到了。如果有一套简单的奥数书，让大家都能感受到奥数的趣味，从此爱上数学，训练出出色的数学思维，那该多好啊！这套漫画书就是承载着我童年的小小愿望，飞跃了三十多年的时光出现在你们面前的。

真是遗憾，当年如果有这套书，估计全校至少一半的同学都能拿到那20分吧！希望小读者们能在我儿时梦想的书籍中，收获奥数的逻辑、数学的思维与求知的快乐！

老渔

2023年8月

目录

马克杯风波

排队问题

饼干

饼干
我把妈妈的马克杯打碎了……
这是妈妈最喜欢的杯子，你惨了，肯定会挨训！

老爸，趁妈妈不在家，我们给她买一个一模一样的杯子吧！
可这个杯子是月亮甜品店的赠品，买不到的！

那怎么办？妈妈一定会生气的。

我记得这几天月亮甜品店有活动，每天到店的前 30 名顾客可以领取一个这样的马克杯。明天正好是活动的最后一天，要不你去看看？
太好了，我明天一早就去排队！

第二天早晨
月亮甜品
好多人呀，我还能领到马克杯吗……
本店活动：每日前30名顾客免费领取马克杯。

咦，朱大友，你也来领马克杯呀？
对呀！

现在排了多少人了？

排在第 14 位的是东小西，我和东小西之间隔着 4 个人，我后面有 11 个人。所以现在队伍中一共有 14+4+11=29（个）人！
你正好是第 30 个人，能领到最后一个马克杯！
太好了！我这就去排队！

开门营业
月亮甜

小朋友，30 个马克杯都发完了。
什么？发完了！
活动结束

怎么会这样，刚刚明明算好的呀……

对了，刚才朱大友没有算上自己！所以刚才的队伍里应该正好是 14+4+1+11=30（个）人。
后
前
11
1
4
14

都怪你刚才误导我！害我白排了半天队，还没领到杯子。
我不是故意的……

要不，你请我吃甜品，我把这个杯子送给你，就当是你排队领到的。
好吧，成交！

半小时后
你可真能吃，花了我一个星期的零用钱。快把马克杯给我吧！

我怕我不小心把杯子碰掉，就放在那儿了。你自己拿吧。

排队问题

概念与分析

若干个人排成一队，以某人为标准来数人数的问题就是**排队问题**。

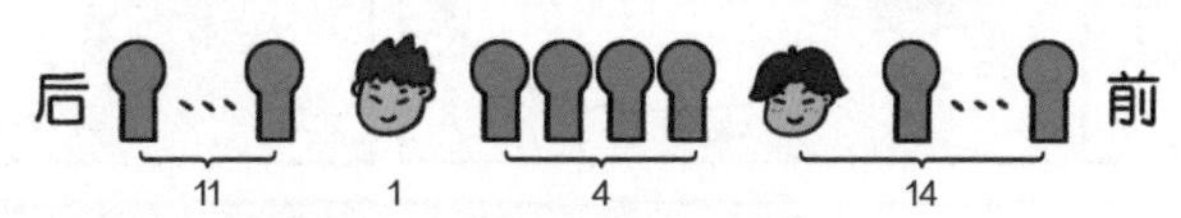

东小西排在第 14 位，说明算上东小西一共有 14 个人；朱大友后面有 11 个人，说明不算朱大友还有 11 个人；再加上两人之间的 4 个人和朱大友自己，就是排队的总人数。

关键

解决排队问题，首先要找到**“关键人物”**，再通过**关键词**来确定给出的数包不包括“关键人物”。

① **第几个**（包括自己）；

② **有几个**（不包括自己）；

③ **A 和 B 之间**（不包括 A 和 B）；

④ **从 A 到 B**（包括 A 和 B）。

绝版珍藏

•移多补少•

书房
悠悠，你在干吗？
哥哥，我发现爸爸也有两本你那种动漫卡片册。

咦？不是卡片，好漂亮的贴纸！
这是邮票。

以前的人联系就靠写信，贴一张邮票寄出去，几天才能收到。不像现在咱们的电话手表那么方便。
哇，这些邮票好漂亮啊……
集邮册

哥哥，我们一人一本分了吧！

可是你那本有 22 张邮票，我的才 14 张，不公平。
集邮册
集邮册

你比我多 8 张邮票，你要给我 8 张……但是这样我就有 22 张，你只有 14 张了。
22−8=14
14+8=22
那你知道怎么才能做到真正公平吗？
22 张比 14 张多 8 张，我们要把 8 张邮票单独列出来。
为什么呢？
（22−14）÷2=4
然后，把 8 张邮票等分为 2 份，一份是 8÷2=4（张）。
来，一人 4 张！现在你再数数。
哇，果然公平了！我们俩现在都有 18 张！
对，这就叫移多补少。你的用 14+4，我的用 22−4，最后都等于 18。
14+4=18 22−4=18

你们怎么玩这个？赶紧放起来，弄坏了就糟糕了！

爸爸，这些邮票是不是很值钱？
集邮册
抢走

当然，这些都是绝版珍藏，特别值钱！一张能换一百多个冰激凌呢！以后你们嘴馋，我就拿出一张来给你们换零食吃。这是我的小秘密，可不许告诉妈妈啊！

第二天
爸爸，吃好吃的！

真乖，你们哪儿来的钱买的零食呀？
您猜！

难道？！

移多补少

概念

有两组数量不同的物品，从数量多的一组拿出来一些，补到数量少的那一组去，使两组物品的数量相等，就是**移多补少**。

公式

要使两组物品最终的数量相等，移走的数量应该等于**相差数量的一半**。公式：**移动数 = 相差数 ÷2**

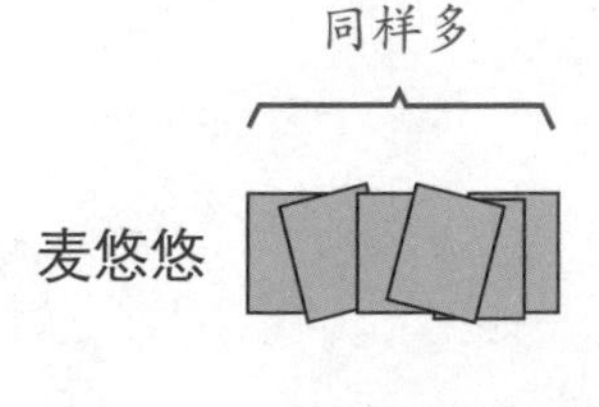

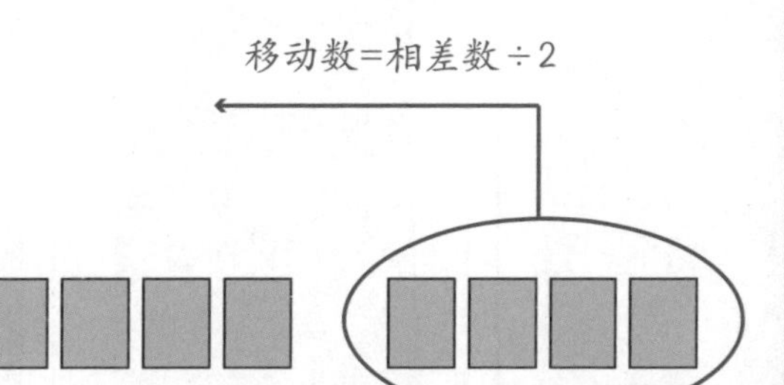

蜗牛爬井
爸爸这一脚可真厉害，鞋子飞了这么高！
被踢到树上的鞋
可惜没有踢到球。

孩子们，我有办法了！

它叫流星，是我按照工程学原理制作的爬树机器人。
取鞋子的任务就交给它吧！

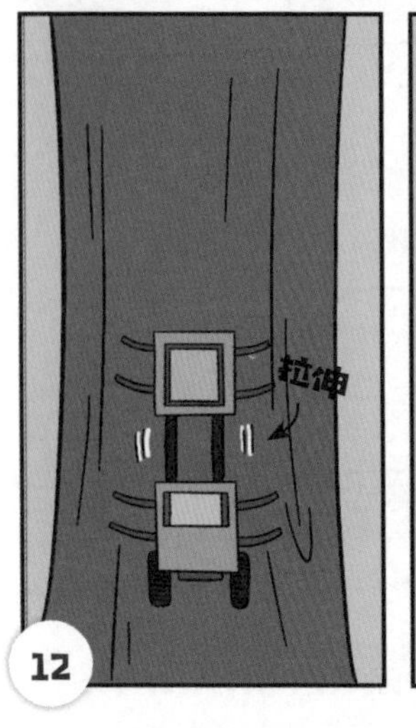
拉伸

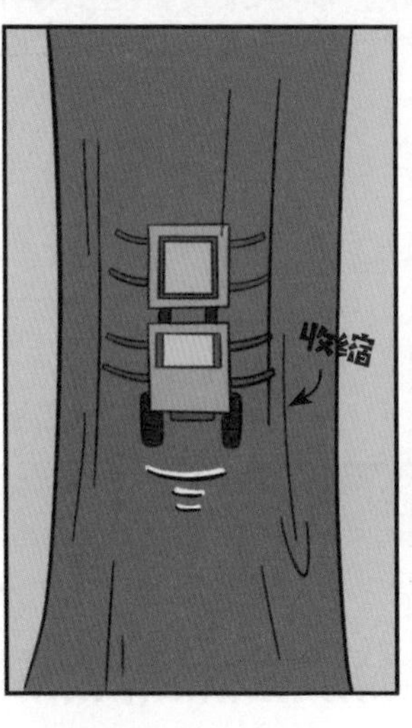
收缩

缓慢爬升
它爬得比爷爷养的乌龟还慢。
要是真正的流星这么慢，我就能许好多好多愿望了。

叮咚
孩子们，快看！

流星已经爬了2米了。它还有记录高度的功能，很厉害吧！
2米
这都1个小时了，才爬了2米，有什么可骄傲的。

1米
唰啦

怎么还掉下来1米？
为了防止电池过热，流星每次启动只能爬1小时。也就是每小时断电一次，滑落1米，然后重新启动，再继续向上爬……

流星每次启动，向上爬2米，滑落1米，那相当于每小时才爬1米。
我记得爷爷昨天才测量过，这棵树树干高达4米。按流星这种爬法……得爬4次，用4小时才能拿到鞋子。
4米

算了，还是先去睡个午觉吧。
我也觉得困了。

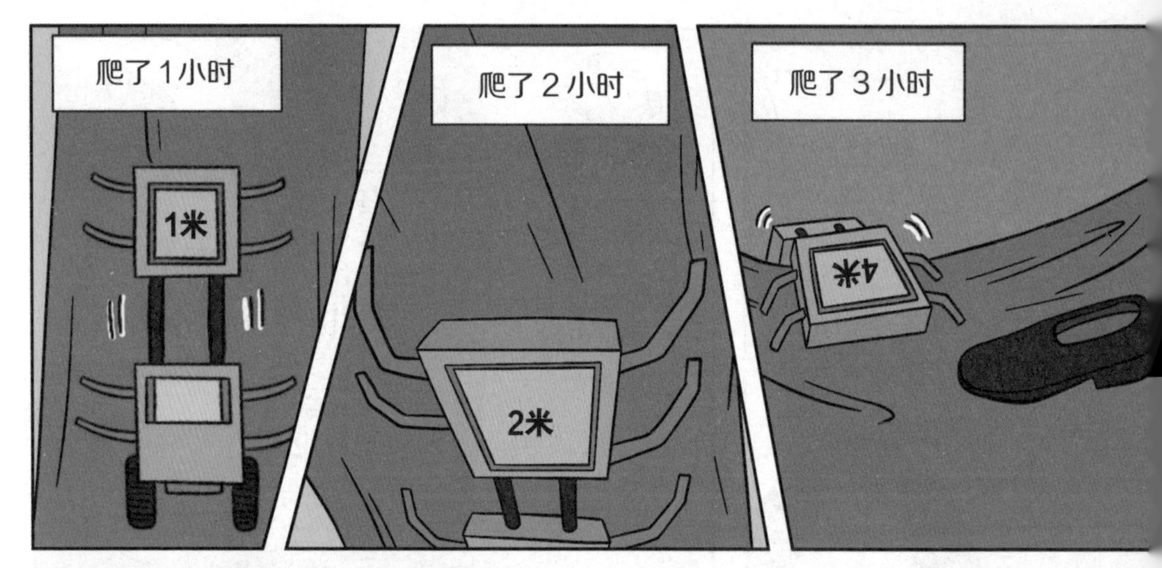

在爬最后一个2米时，流星已经爬到了树杈处，不会再下滑。

可以将树干分成两部分，前面的2米需要爬2次，最后的2米只需要爬1次。一共爬3次，用3小时就可以拿到鞋子。

（4−2）÷（2−1）+1=3（次）

4米
爬1次
2米
爬2次
0米

当天夜里
我忘了给它设计下树的功能了……
流星怎么还不下来？

蜗牛爬井

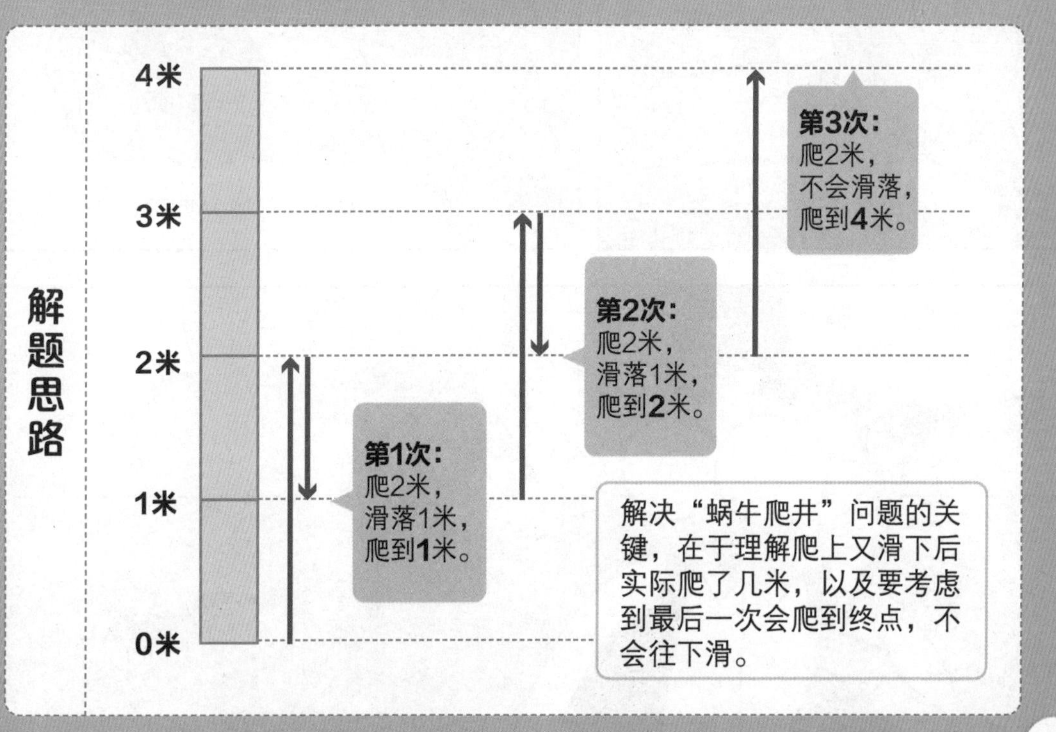
解题思路
4米
3米
2米
1米
0米
第1次：爬2米，滑落1米，爬到1米。
第2次：爬2米，滑落1米，爬到2米。
第3次：爬2米，不会滑落，爬到4米。
解决“蜗牛爬井”问题的关键，在于理解爬上又滑下后实际爬了几米，以及要考虑到最后一次会爬到终点，不会往下滑。

过河问题

麦小乐，你知道把大背包放进帐篷总共分几步吗？

一步！
扔
朱大友，你果然对得起你的名字！

走啦，钓鱼去，咱们晚上烤鱼吃！
好棒！

嗨！喂——
这些人不会看上咱们的鱼了吧？

请问，您能载我们去对岸吗？这会儿也没有其他船……
没问题，包在我身上！

老爸，现在算上咱们一共有 16 个人，这条小船最多坐 4 个人，这么多人根本坐不下啊。
多拉几次不就行了。

你们谁能告诉我，咱们这条小船要用多少次才能把 16 个人都运过河？
答对的人有奖，晚上给他单独烤一条大鱼！

我先我先！ 16 个人，一次坐 4 个人，运 4 次就够了！

如果 4 个人都下去了，谁来划船？总不能让船自己游回来吧。

4
3
2
1
船夫不能下船，他要回来接人，也就是说每次只能运 3 个人到对岸。
但最后一次渡河时，船夫可以不用返回，这一次能运 4 个人。

对啊，用总人数把最后一次运的 4 个人减掉，剩 12 个人。
这 12 个人每 3 个人被一起运过河，要运 4 次；加上最后的 1 次，那就是……
(16−4) ÷ 3+1=5

我知道，是 5 次！烤鱼是我的！

扑通！

是我先算出来的，烤鱼是我的！
注：在船上打闹是危险行为，请小朋友们千万不要效仿哟！

过河问题

方法

解决过河问题的关键，在于理解去程和返程必须都**有 1 个人来划船**，所以实际能运送的人数比可容纳人数少 1 个。但最后一次过河时，划船的人**不需要返回**，所以最后一次过河实际能运送的人数等于可容纳人数。

第一次过河示意

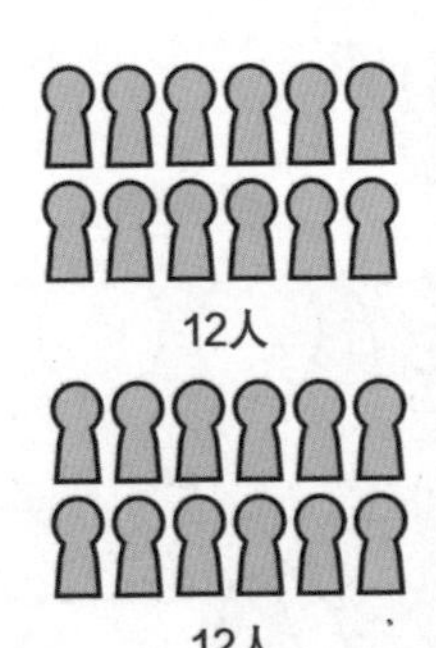

第一次过河去程：4人

第一次过河回程：1人

3人

喂兔子乌龙

• 猴子吃桃 •

注：兔子不能吃太多胡萝卜，可作为零食少量食用。

一只兔子分 4 根!

你的!

最后一个食盒了。

咦，怎么少了 1 根呢?

都是兔子，不能厚此薄彼，不然每只兔子分 3 根吧!

还能剩 3 根自己吃，嘿嘿嘿。

哥哥，爷爷叫你回家吃饭！
正好，我刚喂完兔子。

太好啦！咱家的兔子都吃到胡萝卜了。
那当然，我多负责呀！
不过，本来我想给每只兔子分 4 根胡萝卜的，但发现胡萝卜少 1 根，所以我给每只兔子分了 3 根，最后还剩下 3 根。

第一种分法少 1 根胡萝卜，第二种分法多 3 根，两种分法需要的总数相差了 4 根。也就是说，第二种分法比第一种分法少用 4 根。
3+1=4

1 只兔子少分 1 根胡萝卜，结果少用 4 根，说明你一共喂了 4 只兔子，一共带了 3×4+3=15（根）胡萝卜。对不对？
老爸的推理能力就是牛。
3 × 4+3=15

可是爷爷明明只养了 3 只兔子呀，你怎么喂了 4 只呢？
什么？

猴子吃桃

概念

　　把若干桃子平均分给固定数量的猴子，如果按某种标准分，桃子会有**剩余**（盈）；按另一种标准分，桃子就会**不够**（亏）。这类已知分配数量和盈亏状况，求物品数和对象数的问题，叫**盈亏问题**。

公式

（盈数 + 亏数）÷ 两次分配的数量之差 = 所分对象数

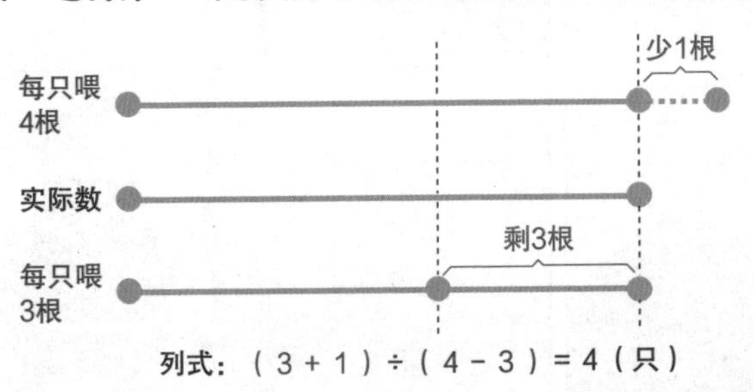

列式：（3 + 1）÷（4 − 3）= 4（只）

一顿省钱的火锅

•韩信点兵•

我每次往锅里下3颗虾丸，下了多少次不知道，但现在盘子里也还剩最后2颗。

列出算式你们
就知道了。

你们看，鱼丸和虾丸的数量分别除以 5 和 3 之后，所得余数相同，都是 2。
写

也就是说单种丸子的总数减去 2，就是 3 和 5 的公倍数。你们谁知道 3 和 5 的公倍数都有几？
15，30，45，60，75……
最小公倍数：3 × 5=15

我知道啦，这里面大小为 40 多的数就是 45 啊，有 45 颗！

我知道，应该是 47 颗鱼丸和 47 颗虾丸！
不对，你忘了最开始减去的那 2 颗了。
爸爸太厉害了！
45+2=47

咱们快去收银台看看这些鱼丸和虾丸的价格吧，这样就能算出咱们省了多少钱了！
火锅超人

韩信点兵

典故

“韩信点兵”又被称为**中国剩余定理**。相传汉高祖刘邦问大将军韩信统御兵士多少，韩信答说，每3人一列余1人、5人一列余2人、7人一列余4人、13人一列余6人……刘邦茫然而不知其数。

解题思路

本漫画为“韩信点兵”问题中的简单情况，即一个数分别除以两个数后余数相同。

单种丸子的数量 ÷3 = 商……2
单种丸子的数量 ÷5 = 商……2
← 余数相同

将丸子的数量**减去2**，就是3和5的公倍数。 → **3和5的公倍数**：15、30、45、60、75…… → 选出符合题意的数45，再**加上2**，得到47。

白忙一场
年龄问题
比萨店
五周年店庆，20岁以上半价

我们的年龄要是能加起来算就好了。
我7岁，你5岁，咱俩加起来也只有12岁呀。
7+5=12

8年之后，我们加起来就20岁了吧！
用不了8年，4年就够了。
12岁到20岁一共增长8岁，我们每年都长1岁，咱俩加起来一年能长2岁，只需要4年，我们加起来就20岁了。
(20−12)÷2=4

那时候我就9岁了，而你是11岁。可是人家不让算加起来的年龄，我们还是吃不到半价比萨。
加起来……
5+4=9 7+4=11

我有办法了！

跑回家

这样真的不会被发现吗?
这身打扮一看就超过 20 岁了，只要你少说话就不会露馅。

点餐处
阿姨，不，姐姐，我……吃比萨。

小姑娘有 20 岁吗?

我，我已经大学毕、毕业了！我学过……公鸡分（微积分）、牛吨（牛顿）定律。
我还会背唐诗，锄禾日当午，一岁一枯荣……

快闭嘴！

好好吃呀！

再给我一块牛肉比萨！

哇，居然全都免费了！太好了！

年龄问题

概念

给出若干已知条件，求某个人的年龄的问题叫作**年龄问题**。解决年龄问题的关键点：

①两个人之间的**年龄差始终不变**；

②两个人的年龄会随着时间的增加而**增加相等的量**。

算法

麦小乐今年 7 岁，麦悠悠今年 5 岁。请问再过几年，两人的年龄和是 20 岁？

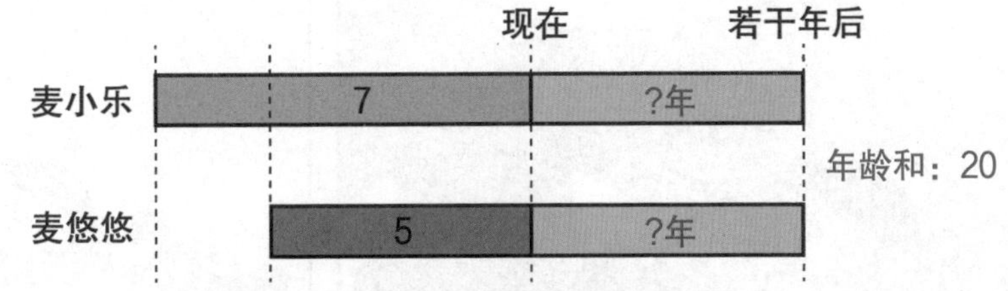

列式：（20−7−5）÷2=4（年）

游戏高手

• 平均数 •

游戏厅
定住
老爸，老爸，我想去玩游戏。

游戏厅
人呢？

老爸，您怎么比我们还贪玩啊！
这可是我小时候最喜欢的游戏，没想到在这里碰到了，老爸的童年又回来啦！

那我们也可以随便玩吗？
当然可以啦，不过不能上瘾，玩一会儿咱们就走。

老爸，您会抓娃娃吗？
笑话！老爸当年可是叱咤游戏厅的人物，区区抓娃娃，岂不是手到擒来？

那您帮我们抓个娃娃吧！我们好想要啊！
我才玩了 2 局，再玩 2 局就去！
可我现在就想要啊。

恭喜您，您当前的平均分是 85 分，下局只需要拿 100 分，让平均分达到幸运分 88 分，就可以获得复古游戏机一个！

不对，老爸，您不是才玩了 2 局，而是已经玩 4 局了！
不好，你怎么知道的？

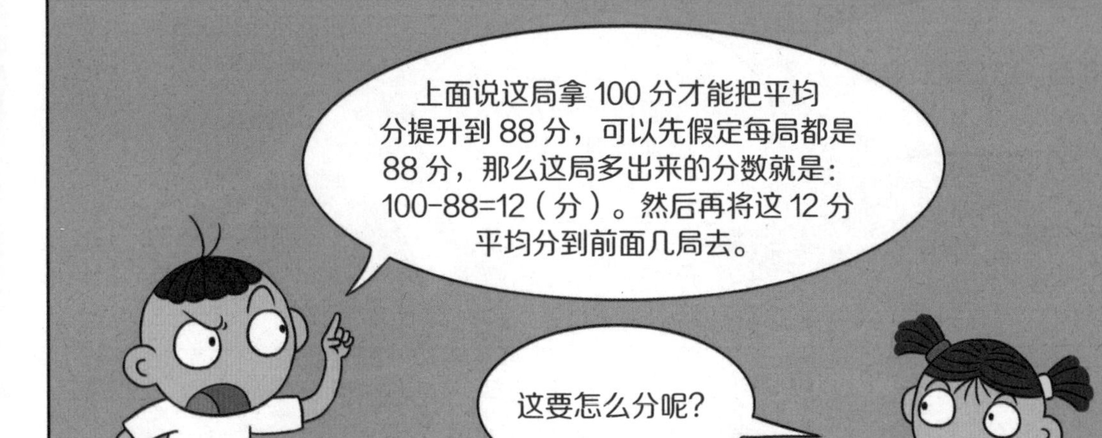
上面说这局拿 100 分才能把平均分提升到 88 分，可以先假定每局都是 88 分，那么这局多出来的分数就是：100-88=12（分）。然后再将这 12 分平均分到前面几局去。
这要怎么分呢？

这上面不是说前几局的平均分是 85 分嘛，我们再假定前几局每局都是 85 分，这样每局需要加上 3 分，才能得到玩完这局的平均分 88 分。接着要算 12 分里有几个 3 分……
100-88=12
88-85=3
12 ÷ 3=4
我知道，12 ÷ 3=4，所以老爸已经打完了 4 局！
老爸，您不能再贪玩了，快去抓娃娃！
好吧，不过你俩帮我看着这台机器，别让别人玩，等会儿老爸回来打最后一局！

过了一会儿
老爸，您太厉害了！
娃娃来了！
叮

我的复古游戏机啊！
即将关店，游戏停止，分数清零！

平均数

概念	一组数据的和除以这组数据的个数所得的商叫这组数据的平均数。 计算公式：**平均数 = 总数量 ÷ 总份数**

解题思路

①下一局得100分能使平均分提高到88分，说明下一局要给之前的几局补分。	②打完下一局后，平均分从85分变成88分。	③假设前面几局游戏都得85分，用12分去补前面几局的分数，使它们都达到88分。	**所以麦大叔已经玩了4局。**
补的分数： 100−88=12	平均分提高： 88−85=3	补分的次数： 12÷3=4	

神秘大书

• 页码问题 •

爷爷的农场
蚂蚱

咦，这是什么？
哥哥，你捡到啥了？

这里有本奇怪的书，看起来不像是地球上的东西……
啊，不会是外星人留下的吧！我们赶紧打开看看。

没有密码根本打不开。
我来把锁撬开！

等等，这上面好像有一些文字，是外星语吗？我完全看不懂。

密码提示：如果给这本书编页码，会用到 300 个数字。你知道它的页数了吗？
老爸，您竟然懂外星语！

这是法语，我以前学过一点点。
原来不是外星语啊。

那段文字所说的页数一定就是密码。
我们赶紧算一下吧！哥哥你算一位数的页数，我算两位数的页数，三位数的页数留给老爸！

一位数的页码是1~9，一共是9页。

两位数的页码是10~99，也就是90页！

老爸，到您了！

咯咯，你们俩得先回答我，1~9页和10~99页分别用了多少个数字呢？

1~9 页共用了 9 个数字。
1 × 9=9

10~99 页上的页码是两位数，共用了 180 个数字！
2 × 90=180

不错！既然已经知道了一位数和两位数页码用了多少个数字，
那么三位数页码用的数字个数就是 300−9−180=111（个），页数是 111÷3=37（页）。
(300−9−180) ÷ 3=37

一位数和两位数的页数一共是 99 页，三位数的页数是 37 页，所以全书一共是 136 页。
9+90+37=136

打开了！
1 3 6

页码问题

概念

页码是连续的自然数，从 1 开始。

知道一本书的页码，求一共有多少个数字；知道编一本书的页码所需的数字个数，求这本书的页数。这是页码问题中的两个基本内容。

统计

	一位数	二位数	三位数
数的个数	9	90	900
所需数字个数	1×9=9	2×90=180	3×900=2700
所需数字总个数	9	9+180=189	9+180+2700=2889

看日出

•上楼梯•

明天爸爸带你们去钟楼看日出，好不好？
老爸，我天天被太阳晒屁股，有什么好看的？

谁让你天天睡懒觉！当太阳从地平线升起，第一缕阳光洒在身上时，你就知道日出有多美了。
我要去迎接第一缕阳光！

我明天四点半叫你们起床，可不要赖床啊！
放心吧，老爸！

第二天早上
老爸，老爸，快醒醒啊！
你俩这么早不睡觉干吗呢？

老爸！咱们要去看日出啊！
咦？我定的闹钟怎么没响？

闹钟响了好几遍，邻居家的狗都被吵醒了。我们俩过来把闹钟关了，您都还没醒！
咱们赶紧收拾，快出发吧！

老爸，这座钟楼有多高啊？
一共有 8 层。
那太阳什么时候出来啊？

我查了，今天的日出时间是 5 点 16 分。
可现在已经 5 点 13 分了！

那快走吧！

4
哎呀，不行了，歇一歇，歇一歇。
老爸，别歇了，快看不到第一缕阳光啦！

放心吧！咱们从 1 楼到 4 楼才用了 1 分钟，爬到 8 楼也就再用 1 分钟嘛，让我歇 1 分钟，没事儿的。
好吧！只准歇1分钟哟。

都怪您，老爸！我们错过了第一缕阳光。
怎么会呢？难道手机预报错了？

不应该啊，不应该啊……

我知道了！手机预报没错，是我们算错了。
老爸，什么算错了？

我问你们，刚刚咱们从 1 楼爬到 4 楼用了 1 分钟；那以同样的速度，从 4 楼到 8 楼需要多长时间呢？
1 分钟呗，这还用算？

不对！是 1 分 20 秒。
为什么？

你们数数，从 1 楼到 4 楼有几层楼梯？
1 楼到 2 楼、2 楼到 3 楼、3 楼到 4 楼，一共 3 层。

那 4 楼到 8 楼呢？
4 楼到 5 楼、5 楼到 6 楼、6 楼到 7 楼、7 楼到 8 楼，一共 4 层？

对喽！爬 3 层楼我们用了 1 分钟，也就是说爬 1 层楼用 20 秒，那么爬 4 层楼就是 1 分钟 20 秒啦！
对呀，我忘了1楼就是地面。
m
所以我们比计算的时间晚了 20 秒。

是爸爸算错了时间，我跟你们道歉，咱们明天早点来，一定让你们看到清晨的第一缕阳光！

上楼梯

概念	上楼梯问题属于间隔问题的一种，并且常与行程问题相结合，求出走一层楼梯要用的平均时间。
公式	在解决上楼梯问题时，要注意楼层数和所走的层数是两个不同的概念。因为 1 楼是地面，从 1 楼上到 2 楼只需要经过 1 个楼层。 从 1 楼开始上楼梯的计算公式：**所走层数 = 楼层数 -1** 从几楼上到几楼的计算公式：**所走层数 = 高楼层数 - 低楼层数**
举例	**1 楼到 4 楼：**所走层数 =4-1=3（层）； **4 楼到 8 楼：**所走层数 =8-4=4（层）； **1 楼到 8 楼：**所走层数 =8-1=7（层）。

图书在版编目（CIP）数据

数学超有趣. 第4册, 经典趣题 / 老渔著. — 广州：新世纪出版社, 2023.11

ISBN 978-7-5583-3969-1

Ⅰ. ①数… Ⅱ. ①老… Ⅲ. ①数学－少儿读物 Ⅳ. ①O1-49

中国国家版本馆CIP数据核字（2023）第180017号